MÉMOIRE

SUR LES DÉGRADATIONS

DES TERRES,

OCCASIONNÉES PAR LES TORRENS

ET PAR LES INONDATIONS.

MÉMOIRE

SUR LES DÉGRADATIONS

DES TERRES,

OCCASIONNÉES PAR LES TORRENS

ET PAR LES INONDATIONS;

Moyens de les prévenir & d'augmenter considérablement les productions de la terre & de l'industrie.

Par M. LIEUTAUD, Seigneur d'Aiglun.

A AMSTERDAM,

Et se trouve, A PARIS,

CHEZ la Veuve HÉRISSANT, Imprimeur du Cabinet du ROI, rue de la Parcheminerie.

M. DCC. LXXXII.

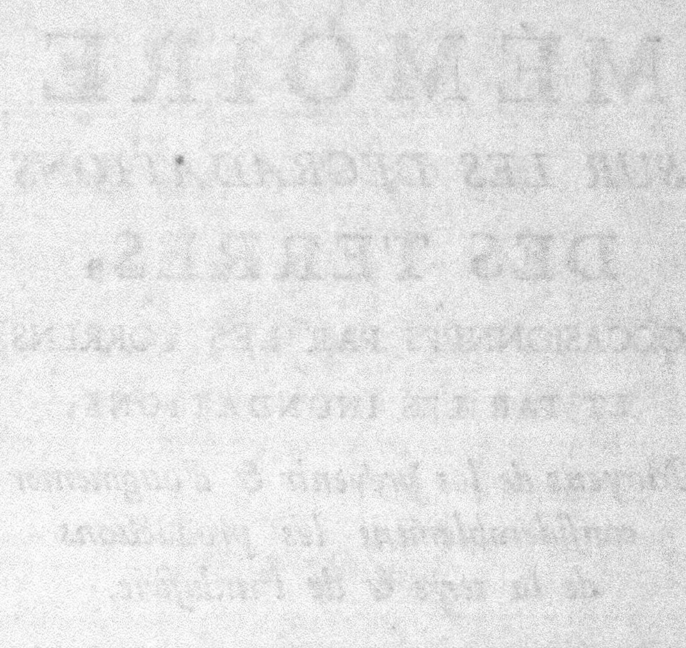

AVERTISSEMENT.

EN ÉCRIVANT cet Ouvrage, je ne m'étois point proposé de le rendre public ; des Personnes dont la célébrité dans les Sciences est généralement reconnue , auxquels je l'ai communiqué, m'y ont déterminé. Excité d'ailleurs par le desir d'être utile à l'humanité & plus particulièrement à ma Patrie , j'ai moins consulté mes forces que le desir de faire sentir l'importance des maximes économiques , & des ressources que j'indique, pour augmenter les productions de la terre , & étendre les progrès de l'industrie.

Je n'ai point en vue les embellissemens qui sont purement de luxe , je crois cependant que , dans l'exécution de mes projets, l'agréable se trouvera indispensablement réuni à l'utile ; les campagnes n'offriront point des beautés symétriques ; mais les travaux que je propose y établiront un calme & une harmonie qui contribueront à les seconder, & le Laboureur à l'abri des torrens tumultueux , qui ravagent & détruisent dans un instant le travail de l'année , sera plus tranquille & par conséquent plus heureux.

Il est peu de possessions considérables où l'on ne puisse faire l'application de mes projets en totalité ou en partie ; c'est donc aux Propriétaires opulens à tourner toute leur attention de ce côté, & à entreprendre des réparations si essentielles, & dont ils ne tarderont pas à retirer le fruit.

Si cet ouvrage n'a pas l'approbation des amis de l'humanité , je gémirai sur mon incapacité , sans cependant perdre l'espoir que quelque génie supérieur parviendra à donner plus de valeur à mes projets, en facilitant les moyens de les mettre en pratique.

MÉMOIRE

SUR LES DÉGRADATIONS

DES TERRES,

Occasionnées par les Torrens & par les Inondations ; moyens de les prévenir, & d'augmenter considérablement les produits de la Terre & de l'industrie.

Les progrès de l'Agriculture favorisent la population que l'on regarde comme la richesse essentielle d'une Nation. Cependant lorsqu'un état est parvenu à tirer de son sol les besoins de nécessité, & un excédent suffisant pour se procurer les commodités de la vie, & fournir même aux besoins de luxe, avant de pousser l'Agriculture à son dernier période, il doit au préalable travailler à l'établissement des Manufactures, favoriser les Arts & l'industrie, & se procurer, par ces moyens, un commerce d'exportation qui puisse l'enrichir ; tant qu'un État a besoin de l'industrie des autres Puissances, les conquêtes ne peuvent que l'affoiblir. Les vastes découvertes des Espagnols & des Portugais, n'ont servi, jusqu'à présent, qu'à dépeupler le sol natal de ces deux Peuples, qui consultant moins leur intérêt que l'ambition, étendirent trop leur domination tant en Asie qu'en Amérique ; les Espagnols ne sont que les Agens de l'industrie de toute l'Europe, & les Portugais que les Esclaves de l'Angleterre.

La Hollande, livrée toute entiere à l'industrie, a su profiter des conquêtes des Portugais ; elle s'est emparée en Asie de plusieurs de leurs établissemens, qui font passer dans ses mains le riche commerce des épiceries de l'Inde ; ce Peuple économe & laborieux réunit, à cette branche essentielle, la pêche & le cabotage ; les diverses branches de son industrie lui procurent un bénéfice immense, & elle entretient, aux dépens de toute l'Europe, à peu-près quarante mille Matelots dans sa marine marchande, qui en cas de guerre seroient une ressource essentielle pour l'État.

L'Angleterre vit avec indignation les progrès rapides des Hollandois dans le commerce maritime, & elle parvint à les expulser de même que les Espagnols & les Portugais, de diverses possessions dans le Nouveau-Monde & dans l'Inde.

La position de l'Angleterre, son industrie, & ses succès dans les dernieres guerres, l'ont énorgueillie au point de s'adjuger l'empire des mers ; & cette Puissance qui n'a fait aucune découverte utile par la navigation, a su s'approprier la meilleure partie des découvertes & des établissemens formés loin de l'Europe par d'autres Puissances maritimes.

Si les Provinces-Unies de l'Amérique-Septentrionale conservent l'indépendance, l'Angleterre se verra forcée de renoncer à l'empire des mers qu'elle avoit usurpé, & redeviendra sur cet élément l'égale de la Suède, du Dannemarck & de la Russie, de qui elle se verra forcée d'acheter les bois de construction, les chanvres & le goudron, qu'elle tiroit en partie de l'Amérique-Septentrionale ; il résulte de cette vérité, qu'il est de l'intérêt des Puissances du Nord de maintenir l'Amérique-Septentrionale dans l'indépendance.

La Grande-Bretagne n'a ni productions naturelles, ni productions de l'art qui soient de nécessité absolue pour aucune Puissance de l'Europe, & elle est obligée d'importer des bois de construction, des chanvres, du goudron, des toiles, de la soie, des cotons, des huiles, des vins, des eaux-de-vie, & toute sorte de fruits secs ; par conséquent l'Angleterre ne sera plus qu'une Puissance subordonnée, lorsque plusieurs Puissances d'Europe sortiront de la léthargie dans laquelle elles languissent, qu'elles

fomenteront l'établiffement des manufactures;
fur-tout en étoffes de laines & en quincailleries,
ces établiffemens effentiels exiftent déjà dans
divers Cantons de l'Allemagne, qui tiroient
ces articles de l'Angleterre, & qui les vendent
actuellement en concurrence, & peuvent les
établir à plus bas prix. La récolte des laines
de chaque Etat de l'Europe eft affez abon-
dante ou peut le devenir affez pour alimenter
les manufactures en étoffes de laines, néceffaires à leur confommation; que leur refte-t-il
à faire pour fe fouftraire au tribut qu'elles
paient à l'induftrie angloife ?

La France, déchirée pendant des fiécles
par des guerres prefque continuelles, & fous
un gouvernement féodal, ne faifoit aucun
progrès dans le commerce : Louis XIII regnoit
lorfque le Cardinal de Richelieu forma le hardi
projet de fixer la puiffance de l'Etat dans la
perfonne du Roi, & il eut le bonheur d'y
réuffir. Les Grands qui avoient troublé le
Royaume pendant tant de fiécles, n'ayant plus
la même autorité, & fe trouvant obligés de
fuivre la Cour, il fut plus facile de fubftituer
des Loix aux droits arbitraires des Seigneurs; le
Peuple protégé par les Loix & encouragé par de
fages Miniftres, fe confacra plus particulièrement
à l'induftrie; le nombre des Agriculteurs aug-
menta; il s'éleva des manufactures dans prefque toutes les Provinces du Royaume, & le
commerce commença à jeter de profondes

racines ; la navigation devint un moyen indif-
penfable pour en accélérer les progrès , depuis
la découverte du Nouveau-Monde & le voyage
de l'Inde par le Cap de Bonne-Efpérance ; &
les François entreprirent des voyages fur mer
avec cette activité qui leur eft naturelle ; ils
firent des découvertes & des établiffemens dans
l'Inde , en Amérique & dans fes Ifles , & fous
les regnes de Louis XIV & de Louis XV , le
commerce & l'induftrie étoient déjà portés au
point de donner de la jaloufie à plufieurs Puiffances de l'Europe.

La fage précaution qu'on eut en France de
prohiber l'entrée des marchandifes étrangeres ,
& particulièrement celles d'Angleterre , favo-
rifa les progrès des manufactures dans tous les
genres , & elles s'y font perfectionnées au point
d'être préférées aux angloifes relativement à
beaucoup d'objets , par-tout où il s'agit des
productions des Arts , d'ouvrages de goût &
de modes, l'Angleterre ne peut point fe mettre
en parallèle avec la France ; ne feroit-il pas de
même facile aux Puiffances dont les productions font dévorées par l'induftrie angloife ,
de fe fouftraire à cette efpèce de tutèle , en
adoptant à-peu-près les mêmes maximes.

La Grande-Bretagne fournit de l'étain à la
France , d'où elle tire des vins, des eaux-de-
vie, de l'huile, des fruits fecs , & par contre-
bande des toiles , batiftes , des étoffes de goût
& des ouvrages de mode, ces liaifons font

deſtructives pour l'Angleterre ; puiſqu'elle ſe voit forcée de payer en argent la majeure partie de tout ce qu'elle tire de la France, qui par ſa poſition avantageuſe, par la variété de ſes productions, par ſon climat tempéré, par ſa population & par l'activité de ſes habitans, pourroit prétendre à devenir le modèle de l'induſtrie Européenne, ſi, en continuant de la favoriſer, le Miniſtère s'occupoit efficacement à encourager & à perfectionner l'Agriculture.

On a formé dans pluſieurs Provinces de la France des Sociétés d'Agriculture, dont l'utilité, juſqu'à préſent, ne paroît pas avoir répondu au zèle des Membres qui les compoſent, & des Miniſtres qui les protegent ; il faut eſpérer qu'on parviendra à former un cours d'Agriculture fondé ſur des bonnes expériences, qui apprendra à l'Agriculteur quel doit être l'emploi des divers terreins qui compoſent ſes poſſeſſions ; quelles ſont les productions qui réuſſiſſent le mieux à l'aſpect du levant, du midi ou du nord, quel parti on peut tirer d'un ſol humide ou de celui qui l'eſt moins ; à quel point la différence des climats peut influer ſur l'Agriculture, &c. Tous ces objets doivent être traités dans le cours dont il s'agit, avec méthode & préciſion, & d'après des expériences faites avec ſoin, il eſt ſur-tout eſſentiel d'y ſimplifier les opérations pour en rendre la pratique aiſée aux habitans de la campagne.

Dans la Grande-Bretagne, outre les Sociétés d'Agriculture, il s'est formé des Compagnies pour défricher ou mettre en produit les terres incultes, les actions ont été remplies par de riches Négocians, par de riches particuliers, & par de bons Citoyens, qui desiroient contribuer aux établissemens utiles; les défrichemens occupent un grand nombre de Journaliers, les terres mises en produit augmentent d'autant l'abondance, & en supposant que les premieres années ne donnassent aucun profit, & causassent même de la perte aux Actionnaires, il en résulte toujours une amélioration pour l'Etat, & cette perte, en la supposant réelle, est supportée par de riches Capitalistes qui doivent espérer d'être amplement dédommagés dans la suite.

Ne seroit-il pas avantageux à la France qu'il se formât dans chacune de ses Provinces, des Compagnies d'Agriculture qui se chargeroient de mettre en produit les terreins en friche qui en sont susceptibles, & ceux qui dépérissent par l'impossibilité où se trouvent les possesseurs de fournir aux frais d'une bonne culture ; on ne doute pas que les Propriétaires ne consentissent à céder ces sortes de biens pendant dix ans, plus ou moins, à ces Compagnies, qui paieroient aux Propriétaires à-peu-près le même produit qu'ils en retiroient annuellement, & à la fin du terme convenu, il seroit libre aux Propriétaires de se charger de la culture de leurs poſſeſſions, ou de les laiſſer aux Compagnies d'Agriculture, qui augmenteroient la rente proportionnellement à l'amélioration du terrein.

La Nobleſſe qui eſt réléguée dans ſes terres, & les habitans de la campagne doivent fixer l'attention du Miniſtère ; cette partie eſſentielle de l'Etat a beſoin d'être protégée par le Gouvernement, afin de procurer aux Nobles les moyens de ſervir leur Roi & la Patrie, & aux Laboureurs une aiſance proportionnée à leur état.

L'amélioration des terres eſt une mine plus riche & plus utile que celles du Potoſy, plus facile à exploiter & d'autant plus précieuſe à la France, qu'un ſurcroît de productions ſeroit un aliment de plus pour le commerce d'exportation.

Que ne puis-je m'élever tout d'un coup au-deſſus de ma foible portée, & par un ſublime effort de génie, peindre auſſi vivement que je le ſens, tout l'avantage d'un projet qui, dans la ſuite des temps, rendroit ma Patrie le Royaume le plus floriſſant & le plus peuplé qui eût jamais exiſté.

La nature uniforme dans ſes opérations, ſuit invariablement les loix que le Créateur lui a impoſées, la nourriture que reçoivent les êtres animés & les végétaux, produit leur développement & prépare leur deſtruction ; la terre préſente à nos regards curieux le bouleverſement de sa superficie ; l'abîme des mers, tombeau où les siécles entraîneront insensiblement la terre que nous habitons, reçoit continuellement les débris que les torrens vont déposer dans son sein. Le soleil fait porter par les nuages les particules qu'il enleve des eaux, les vents les poussent sur le sommet des montagnes, & les forcent de s'y résoudre en pluie pour fertiliser les terres. C'est en suivant les sages loix du Créateur que la destruction se trouve remplacée par des êtres & des terreins nouveaux, & cet univers doit durer jusqu'au moment où le Créateur appesentira sa main sur son ouvrage, & en désunira les différentes parties : siécles entassés, ce n'est point à vous à en déterminer la durée ! Attachés sur ce globe, quel devoir plus important peut nous distraire du soin d'améliorer le sort de tous ses habitans ?

Pour expliquer les progressions de l'industrie rurale, on peut présumer que lorsque les productions naturelles de la terre n'ont pas suffi à la nourriture de ses habitans, ils ont réuni leurs forces pour détruire les animaux carnaciers, & pour domestiquer les espèces utiles ; le soin des troupeaux, la chasse & la pêche, fournirent de nouveaux secours que la multiplication de l'espèce humaine rendit dans la suite insuffisans ; il fallut dès-lors s'appliquer à la culture des végétaux qui pouvoient seuls procurer l'abondance. On peut fixer à cette époque l'origine des Peuples & le partage des

terres; chaque famille se vit obligée de tirer sa
nourriture du sol qui lui étoit échu en partage;
des loix furent dictées pour assurer le droit de
propriété; l'industrie étendit son activité sur
notre globe; elle a rendu facile la communication des Peuples séparés par l'Océan. Ces
fruits de la nécessité & de l'industrie peuvent
être perfectionnés pour augmenter les productions, & pourvoir aux besoins d'une génération plus nombreuse.

S'il est permis d'imaginer les premieres dispositions du Créateur dans la formation de
notre globe, on doit présumer que des réservoirs naturels recueilloient la majeure partie
des eaux des pluies, & qu'elle en sortoit insensiblement pour la fertilité des terres. Soit que
ces dispositions n'aient jamais existé, ou que le
bouleversement de la superficie de notre globe
ait détruit une partie de ces réservoirs, il est
évident qu'une grande partie des terres n'est
point arrosable, que plus de la moitié des eaux
des pluies sont en pure perte pour les campagnes, & que les torrens qu'elles forment augmentent les dégradations des terres. Les torrens
& les rivieres occupent des terreins immenses,
& les terres que leur cours entraîne continuellement dans l'abîme des mers, fourniroient
aux besoins d'une génération nouvelle. Ces
dégradations qui augmentent journellement
n'ont point encore fixé l'attention des Savans;
au lieu de chercher les moyens de prévenir

les dommages occasionnés par ce fléau des
campagnes , chacun en particulier s'efforce
d'élever des digues, non pas pour détruire le
mal dans sa source , mais pour renvoyer sur les
campagnes voisines les inondations qui mena-
çoient les siennes.

La description des immenses travaux des
Egyptiens pour mettre à profit les eaux du
Nil débordé , de la capacité & de l'utilité du
lac Mœris , tant pour la fertilité des terres que
pour l'abondance du poisson qu'on en tiroit,
& qu'il fournit encore , n'ont point fait naître
en Europe le dessein de prévenir les dommages
occasionnés par les débordemens des rivieres ,
de rassembler l'eau des pluies qui les occasionnent , dans les terreins élevés pour servir à
fertiliser les terres , & se procurer les eaux nécessaires pour former des canaux de communication sur tous les terreins qui en sont susceptibles.

Les Chinois , qu'on présume originaires de
l'Egypte , en emporterent sans doute le secret
économique de la distribution des eaux; n'ayant
plus à lutter contre le débordement du Nil ,
les torrens occasionnés par la pluie leur parurent
une ressource facile menagée par l'Etre Su-
prême; ils creuserent des réservoirs dans les
élévations, & des canaux dans les plaines , &
accoutumés à maîtriser le volume immense des
eaux du Nil débordé , ils changerent les torrens, divisés dans leur source, en objet d'utilité,
& d'amusement; leurs montagnes coupées en

amphithéâtre jusqu'à leur sommet, en augmentant les productions, servent à retenir l'eau des pluies, les canaux creusés dans la plaine reçoivent également l'eau des pluies & facilitent les communications dans tout ce vaste Royaume, qui bien loin d'avoir besoin ni des productions, ni de l'industrie de ses voisins, voit au contraire les Nations Européennes s'empresser à l'envi d'aller acheter les fruits de l'industrie de ses habitans.

Les Romains, plutôt pour en imposer aux Nations chez lesquelles ils étendoient leurs conquêtes que par un motif d'utilité réelle, élevoient ces superbes aqueducs dont les débris causent encore notre admiration, & qui souvent portoient les eaux jusqu'à vingt lieues de distance. Ils sont détruits ces superbes monumens, bien moins par le laps des temps que par la médiocrité des ressources qu'ils procuroient, puisque les villes qui recevoient ces eaux, les ont remplacées avec moins de dépense & d'ostentation. Voyez la différence des monumens élevés par la vanité d'avec ceux qui sont consacrés à l'utilité publique ; le temps détruit les premiers, tandis que les travaux des Egyptiens & des Chinois, pour la distribution des eaux, ont résisté & résisteront au temps & à la barbarie des Conquérans de l'Egypte. C'est à ces signes non équivoques qu'on peut juger de l'utilité des travaux qui ont pour objet l'utilité publique.

Vous

Vous que des écrits utiles ont rendu célèbres dans notre siécle, qui semblez aspirer à l'immortalité & à illustrer votre Patrie, c'est vous que j'ose citer au Tribunal des Nations. Sortez de vos laboratoires, transportez-vous aux pieds des Alpes, des Pyrénées, ou de toute autre montagne, gravissez jusqu'au sommet, & de-là contemplez attentivement les changemens occasionnés par le laps du temps, vous découvrirez la dégradation des torrens qui ont entraîné les terres, & n'ont laissé que des rochers stériles ; ces précipices affreux qui étonneront vos regards curieux, ont sans doute formé des côteaux fertiles.

Après avoir examiné dans leur source la cause des inondations qui désolent les campagnes, occupez vous de la recherche des moyens de prévenir des dégradations plus considérables ; des réservoirs faciles à pratiquer au pied des montagnes, en recevant l'eau des pluies, détruiront dans leur source les maux qu'occasionnent l'impétuosité des torrens. Ces réservoirs, placés dans les endroits élevés, faciliteront l'arrosage, & deviendront un trésor pour les terres qui leur devront leur fertilité, & une ressource pour le poisson qu'on y entretiendra. Lorsqu'on aura réussi à enchaîner les torrens au pied des montagnes, il sera plus facile d'établir le même ordre dans la plaine, de donner aux rivieres un lit plus resserré, plus direct, & sur-tout plus analogue au

B

bien qui peut en réfulter pour la fertilité.

Par le moyen de ces travaux utiles, les eaux des pluies ne ferviront plus qu'à fertilifer les terres & à rendre plus praticables des canaux de communication ; on gagnera un terrein immenfe fur le lit des rivieres, dont le cours élevé au niveau des terres fertilifera les plus ingrates.

On ne doit point s'effrayer de la grandeur de l'entreprife, elle n'offre rien d'impoffible ni même d'une exécution trop difficile ; le travail réuni de tout un Peuple intéreffé à la réuffite, offre une reffource inépuifable ; il s'agit de faciliter les moyens par des plans combinés avec jufteffe, & dont les premiers fuccès nous animent à des nouveaux efforts. Il n'en eft pas de ce vafte projet comme de beaucoup d'autres, l'expérience peut s'en faire dans un canton limité, & comme il faut commencer le travail au pied des montagnes & des terreins les plus élevés, l'utilité en eft immédiatement reconnue, & ces premiers travaux facilitent ceux qu'on doit faire dans les endroits moins élevés.

Intimidé par mon incapacité, je cherche à réunir toutes les reffources de l'induftrie & de l'art pour l'exécution d'un projet fi utile à l'humanité. Commençons un travail fi néceffaire, & laiffons à nos fucceffeurs le foin de terminer un plan dont l'utilité en affurera l'exécution. La population, fuite ordinaire de l'abondance , augmentera le nombre des Journaliers ; c'est cette classe précieuse qui fournit une partie des bons soldats & presque toute la livrée , car ce n'est qu'en dépeuplant la campagne de ses Journaliers les plus robustes , que l'opulence parvient à se procurer des domestiques dont le nombre excessif enrichit ou plutôt surcharge les grandes villes au détriment des campagnes.

O ma chere Patrie ! reçois ce foible tribut de mes réflexions ; j'ai le premier élevé la voix pour détruire , dans leur source , les maux qui désolent nos campagnes , puisse-t-il résulter de ce foible travail toute l'utilité que l'on peut en espérer.

Pendant la paix les Romains employoient les légions à ouvrir des grands chemins , ou à élever ces superbes monumens , dont les débris causent encore notre admiration ; ces Conquérans du monde n'ignoroient point combien le désœuvrement est funeste au soldat , tandis qu'un travail modéré contribue à entretenir sa vigueur & son activité.

En temps de paix quel inconvénient y auroit-il en France d'occuper nos troupes à des travaux utiles , en doublant la paye du soldat les jours qu'il seroit employé ? Un travail modéré serviroit à le rendre plus robuste , & on n'enleveroit point les journaliers de la campagne , dans les saisons où il faut ou préparer ou percevoir les récoltes. Pendant l'hiver on

donneroit à travailler à tous les Journaliers
qui se présenteroient, en leur accordant un
salaire modéré qui ne fût pas capable de les
détourner des travaux de la campagne.

Sur le plan général de ce vaste projet, on
dresseroit des plans particuliers applicables aux
différentes positions, & pour réussir à les
former d'après des vues économiques & d'une
exécution facile, il faudroit se procurer, dans
chaque Province, des notions exactes des
objets ci après détaillés.

Les Corps qui représentent chaque Province étant chargés de faire exécuter les plans
analogues à chaque position, la réussite en
feroit plus assurée & plus prompte, & la ré-
partition indispensable d'une partie des dépenses, applicables aux Propriétaires qui amé-
lioreroient leur position, se feroit plus exac-
tement. Dans toutes les Provinces où ce moyen,
préférable à tout autre, se trouveroit impra-
ticable, on pourroit y former des Compagnies
composées d'un nombre suffisant d'Actionnaires pour fournir aux avances; ces Compagnies auroient également pour objet de faire
les défrichemens, & de mettre en rapport les
terres négligées qui manquent d'une bonne
culture; on leur accorderoit le droit de vendre
aux possesseurs immédiats, à un prix déterminé, les terres & les graviers enlevés du lit
des rivieres; la faculté de vendre les eaux
pour les arrosages, le produit de la pêche des

réservoirs & des canaux, celui de la feuille des mûriers ou de la récolte des arbres de différentes espèces, plantés sur le bord des réservoirs, des canaux & des rivieres dont on auroit réduit l'ancien lit, & enfin le privilége exclusif, au moins pendant quelque temps, de la navigation des canaux récemment formés; il est évident que ces nouveaux travaux se trouvant à l'abri des inondations, le poisson y deviendroit très-abondant, & les arbres plantés sur le bord des eaux seroient susceptibles de prendre un prompt accroissement, & de donner d'abondantes récoltes en fruits analogues à chaque température. A la suite de quelques années de travail, les Compagnies étant administrées avec soin, se procureroient un revenu annuel qui les indemniseroit amplement des dépenses, & qui seroit susceptible d'une augmentation progressive & proportionnée à la continuation des réparations, & comme ces revenus n'auroient de durée qu'autant que les réparations qui les produiroient seroient entretenues en bon état, on pourroit s'en rapporter aux Intéressés pour la conservation & l'entretien de tout l'ouvrage.

Les opérations les mieux combinées, les plans les plus exacts deviendroient inutiles si les personnes préposées pour en diriger l'exécution ne réunissent point à l'intelligence nécessaire, l'amour du bien public, & le desir de s'illustrer, si le vil intérêt, si la soif de l'or les domine ; quelque talent qu'ils puiſſent avoir , ils doivent être exclus de la direction d'un travail dont l'exécution ne peut être accélérée que par beaucoup de vigilence & d'économie.

Lorſqu'une Compagnie d'Actionnaires adopte un plan pour former des canaux de communication , ſoit pour le tranſport des marchandiſes, ou ſimplement pour les arroſages , elle n'a ordinairement examiné que la poſſibilité des niveaux ; l'inventeur du projet évite avec ſoin de leur parler des obſtacles occaſionnés par les inondations , & il préſente ceux qui ſont connus comme faciles à ſurmonter. L'ouvrage commencé on trouve les obſtacles plus difficiles à vaincre qu'on ne l'avoit prévu , les Prépoſés pour veiller aux travaux , ſoit par le deſir de s'enrichir , ſoit par ignorance, ne remédient à aucun de ces inconvéniens , les fonds s'épuiſent , la confiance des Actionnaires déchoit , & bien ſouvent un projet utile s'il eût été mieux dirigé , après avoir abſorbé en pure perte des ſommes conſidérables, n'aboutit qu'à de nouvelles dégradations.

Je n'oſe me flatter de prévoir tous les obſtacles ; mais j'eſpere que les moyens que j'indiquerai ſuffiront aux perſonnes qui ont de l'expérience dans ces ſortes de travaux, pour les mettre à portée de tracer un plan économique dont l'exécution ſe réduiſe à des opérations faciles.

Connoissances nécessaires pour former un plan général applicable aux diverses positions.

1.º LA QUANTITÉ, le nom & la position des montagnes ou des terreins les plus élevés dans chaque Province, celles d'où il sort des sources qui fournissent de l'eau pendant tout le cours ou une partie notable de l'année, ou seulement pendant le temps de pluie; le volume d'eau que donne chacune de ces sources, la distance actuelle & la distance directe jusqu'à l'endroit où elles se réunissent à d'autres eaux, ou jusqu'à celui où elles se jettent dans quelque riviere. D'après toutes ces connoissances, on pourra décider si en élevant le cours actuel des eaux, on les rendroit d'une utilité réelle pour les arrosages.

2.º La grandeur de la base de chaque montagne, en divisant la totalité de cette base par les differentes chûtes que suivent les eaux en s'écoulant.

3.º La hauteur des montagnes, en divisant l'élévation totale par la partie qui est composée de roc vif, par celle dont le terrein ne produit rien, ou se trouve couvert de bois & de broussailles, ou produit des paturages.

4.º Les montagnes isolées, celles qui par leur base se trouvent rapprochées d'une ou de plusieurs montagnes , les distances d'une base à l'autre , & la connoissance de celles qui sont suffisamment rapprochées , pour pouvoir élever des chaussées de réunion de l'une à l'autre base , capables de contenir l'eau des pluies pendant un an plus ou moins. La quantité & la qualité de terrein qu'il faudroit sacrifier pour élever ces chaussées. Les montagnes qui se couvrent de neige pendant l'hiver , & à-peu-près la quantité annuelle qui en tombe.

5.° Les terreins les plus élevés , propres à creuser des réservoirs pour recevoir l'eau des pluies ou des canaux de communication , qui pussent , selon le besoin , verser leurs eaux dans les réservoirs ou les canaux placés dans la plaine.

6.° La qualité & la quantité des terreins qu'il faudroit sacrifier pour former les réservoirs ou canaux de communication , ou pour donner aux eaux un cours plus utile aux arrosages.

7.° Les endroits où il seroit convenable d'élever le lit des ruisseaux ou des rivieres , les terres & les graviers qu'on gagneroit , l'utilité des arrosages, la hauteur des chaussées à élever pour former des écluses , la distance d'une écluse à une autre pour donner une pente douce à l'écoulement des eaux.

8.° La pente depuis l'endroit où les rivieres

font navigables jufqu'à l'endroit où elles fe jettent dans la mer.

9.° Les divers terreins d'où l'on pourroit enlever de la terre glaife ou de l'argile propre à contenir les eaux ; le nombre de pieds cubes que creufe un Journalier en travaillant huit heures par jour, en diftinguant le plus ou le moins, felon la qualité des terreins.

10.° La quantité d'eau que donnent les pluies dans une année, en divifant la quantité de chaque mois par le nombre des jours, & faifant cette obfervation dans chaque chef-lieu, fi cela eft poffible, & de plus obfervant la quantité d'eau abforbée immédiatement par les terres, & réïtérant ces obfervations pendant quelques années dans toutes les Provinces où elles n'ont point été faites.

11.° Les endroits où il feroit utile d'établir des roues propres à élever les eaux par le moyen des pompes, & ceux où il conviendroit d'élever des moulins pour la mouture des grains, la préparation des huiles, le feiage des bois, ou le travail des forges.

12.° Les différentes efpèces de poiffon les plus propres pour peupler les réfervoirs & les rivieres, & la méthode la plus fûre pour les y faire abonder.

13.° Les endroits où il feroit convenable de placer les grands chemins à côté des rivieres & des canaux de communication.

14.° L'écoulement d'une ligne ou d'un

pouce d'eau dans l'espace d'une heure , en faisant les calculs depuis une ligne de pente par toise jusqu'aux chûtes perpendiculaires. La différence arithmétique de la pente d'une ligne par toise à la perpendiculaire , est de 1 à 864. On viendra à bout de connoître si l'expérience & le calcul se trouvent conformes , ou de combien diffèrent les résultats que donnent l'un & l'autre.

On lit dans le Dictionnaire des Arts & des Sciences , qu'il résulte des observations faites à Paris , pendant six années consécutives , sur la quantité d'eau des pluies qu'il y tombe annuellement.

Pour la		pouces	centiemes
1.re année	21	38	
2	27	78	
3	17	42	
4	18	51	
5	21	20	
6	14	82	

Dans 6 années il est tombé 121 pouces 11 centiemes , ou 20 pouces 18 centiemes & demi une année portant l'autre. Calculons sur 24 pouces par an multipliés par 12 , font 288 lignes ou $\frac{30}{32}$ de ligne par jour , si les pluies tomboient également chaque jour de l'année ; des rosées un peu abondantes donnent la même quantité d'eau ; à Lima , où il ne pleut jamais , elles suffisent à la végétation , ce qui constate que les plantes, soit par les feuilles ou par la partie hors de la terre, absorbent les particules aqueuses nécessaires à leur accroissement. L'arrosage supplée aux pluies & aux rosées ; mais comme il n'humecte les plantes que dans leur racine, leur développement en est moins prompt, & les productions par le simple arrosage ne valent point celles qui sont fomentées par les rosées & par les pluies.

Tandis qu'un pouce d'eau qui se précipite ou qui a la pente d'un angle des plus aigus vuide cent pouces d'eau, la plaine qui les reçoit n'ayant qu'une ligne de pente par toise, ne doit vuider qu'environ la millieme partie de cette eau ; il faut par conséquent un lit d'environ mille pouces pour donner l'écoulement à un pouce d'eau qui tombe perpendiculairement, ou presque perpendiculairement. Si le local ne facilite point l'écoulement, l'eau s'accumule & prend en élévation ce qu'elle ne peut avoir en étendue, voilà la cause de ces inondations qui paroissent surprenantes, en ce qu'elles ne sont occasionnées que par le débordement de quelques torrens peu considérables en apparence, mais qui détenus par la difficulté de l'écoulement, forment ces amas d'eau qui désolent nos campagnes.

Des calculs bien exacts & faits en grand sur l'écoulement des eaux, en commençant par un quart de ligne de pente par toise, & allant par degrés jusqu'aux chûtes perpendiculaires,

& en obfervant combien un plus grand volume d'eau accélére la viteffe des écoulemens , feroient d'une utilité effentielle pour la formation des canaux , pour difpofer des éclufes qui rendroient navigables, en baffe marée, des rivieres qui fe jettent dans l'Océan, & qui ne le font qu'en marée haute. Ces calculs ferviroient également pour l'établiffement des moulins. L'expérience a appris aux Meûniers que dans un temps égal, leur moulin moud une plus grande quantité dans la nuit que dans le jour; il faut que l'athmofphère devenue plus denfe par l'abfence du foleil pefe davantage fur l'eau, & en précipite d'autant l'écoulement.

Les fleuves & les rivieres qui fe jettent dans la Méditerranée, ne reçoivent de la mer que de très-petits navires qu'on ne fait remonter qu'avec un travail infini. La même chofe arriveroit dans le voifinage de l'Océan, fi les marées n'occafionnoient un renflement qui rend les rivieres navigables; à mefure que la marée montante porte l'eau de la mer au deffus du niveau de l'embouchure des rivieres, les eaux prennent un courant retrogade proportionné à leur niveau, ce qui facilite l'entrée des navires dans les rivieres qu'ils remontent jufqu'à des diftances confidérables; mais où ils éprouvent l'inconvénient de ne pouvoir point naviguer en baffe marée. C'eft par l'impulfion de la marée que des navires chargés de plus de cent tonneaux, remontent la Seine du

Havre à Rouen, la distance est de douze lieues faisant dix-huit mille toises. Si la marée haute éleve les eaux de quinze pieds & demi au dessus de l'embouchure de la Seine, la pente de Rouen au Havre sera d'un huitieme de ligne par toise, par conséquent en élevant à l'embouchure de la Seine une écluse de quinze pieds & demi d'élévation, on conserveroit le niveau des eaux pendant la marée haute, & la Seine deviendroit navigable du Havre à Rouen en marée basse comme en haute marée. Le lit de la riviere est fait, & si un Artiste habile trouve les dimensions convenables pour élever une écluse solide qui remplisse l'objet de la navigation, elles serviront de modèle pour toutes les réparations de cette nature.

Calcul des distances qui deviendroient navigables en élevant des écluses de vingt-un pieds, & en calculant la pente depuis un huitieme de ligne par toise jusqu'à six pouces.

21 pieds font 3024 lig. à ... de lig. de pente ... toises navigabl.

de lig. de pente	toises navigabl.
$\frac{1}{16}$	24192
$\frac{1}{8}$	12096
$\frac{1}{4}$	6048
$\frac{1}{2}$	3024
1	1512
2	1008
3	756
4	604 $\frac{4}{5}$
5	504
6	432
7	378
8	336
9	302 $\frac{2}{5}$
10	274 $\frac{10}{11}$
11	252
1 pouce	126
2	84
3	63
4	50 $\frac{2}{5}$
5	42

Le Royaume de France ne renferme pas de hauteurs qui s'élevent au-dessus des Alpes & des Pyrénées; celles-ci sont formées par des chaînes de montagnes qui s'élevent par gradations, & qui ont différens écoulemens; il n'est

point à préfumer qu'une feule de ces montagnes
ait treize cens toifes d'élévation perpendiculaire :
fuppofons cependant une pareille élévation
pour calculer les réfervoirs néceffaires pour
contenir l'eau des pluies que donneroit une
montagne de cette capacité dans l'efpace de
fix mois, & en réduifant les calculs jufqu'à
quinze jours. Une montagne de treize cens
toifes d'élévation perpendiculaire, doit avoir
quinze cens toifes de bafe pour former un
cone équilatéral, qui eft la forme la plus folide
qu'on puiffe donner à une élévation quelcon-
que. Un triangle de quinze cens toifes dans
chaque angle peut fe réduire à un parallélo-
gramme rectangle de quinze cens toifes de
longueur fur fept cens cinquante de hauteur,
faifant 1,125,000 toifes de furface, multipliées
par 36 pieds, quarré de la toife, 40,500,000
pieds de furface. En fuppofant qu'il tombe 24
pouces d'eau des pluies dans l'année, & pour
fix mois 12 pouces, la montagne de l'élévation
donnée doit fournir 40,500,000 pieds cubes
d'eau dans l'efpace de fix mois.

*Calcul de la grandeur des réservoirs pour
contenir les eaux des pluies qui tombent sur
une surface de 1,125,000 toises quarrées
pendant l'espace de six mois, & en les ré-
duisant jusqu'à quinze jours, toujours dans
la même supposition qu'il tombe 24 pouces
d'eau dans une année.*

Mois.	Pieds cubes d'eau.	Profondeur.	Largeur.	Longueur des réservoirs.
6	40,500,000	50 pieds	120 P.	1125 toises.
5	33,750,000	50	120	$937\frac{1}{2}$
4	27,000,000	50	120	750
3	20,250,000	50	120	$562\frac{1}{2}$
2	13,500,000	50	120	450
1	6,750,000	40	80	$351\frac{1}{2}$
$\frac{1}{2}$	3,375,000	40	60	$234\frac{1}{2}$

La forme des réservoirs sera analogue au local
où l'on doit les établir, en observant qu'ils doivent être susceptibles de toutes les modifica-
tions par le moyen des écluses, pour accélérer
ou pour retarder l'écoulement des eaux. Outre
la nécessité de placer les réservoirs à la base des
montagnes, on trouvera moins d'obstacles à
surmonter, & on évitera une partie du travail.
Lorsqu'il faudra élever une chaussée pour réunir
la base de deux ou d'un plus grand nombre de
montagnes, la majeure partie du travail se
trouvera faite; & si c'est à la base d'une montagne isolée qu'il faut creuser les réservoirs, on
est encore

est encore dispensé d'une partie du travail , &
on a sous la main les matériaux nécessaires pour
élever la chaussée opposée à la montagne.

Si l'on veut former un réservoir de cent pieds
de large & de cinquante de profondeur au pied
d'une montagne , en creusant environ dix-huit
pieds, la terre & les pierres qu'on se procurera
suffiront pour élever une chaussée de trente-
deux pieds d'élévation au niveau du terrein , qui
aura quinze pieds de base & environ six pieds
dans le haut ; la chaussée doit être assise à cent
pieds plus ou moinsdu pied de la montagne ; &
suivant les inégalités qui se rencontreront ; on
l'établira bien solidement en battant fortement
la terre pour la concentrer, & rendre l'ouvrage
capable d'une forte résistance , & en ayant la précaution de mettre en dedans un enduit , soit
d'argile , soit de terre glaise , assez épais pour
contenir les eaux, & empêcher qu'elles ne fil-
trent à travers la chaussée & ne détruisent insensiblement l'ouvrage ; on enlevera avec soin
les terres qui se trouveront au pied des montagnes dans l'endroit où l'on aura creusé des réservoirs , afin que les petits torrens qui vien-
droient déposer leurs eaux dans les réservoirs,
y charrient le moins de terre possible, on con-
çoit facilement que la rapidité de ces petits
torrens , amortie par la largeur des réservoirs ,
n'aura aucune action sur la chaussée opposée ,
qui sera d'autant moins susceptible de dégradations & d'un plus facile entretien. Les dépenses

paroîtront confidérables ; mais il faut obferver que des réfervoirs placés au pied des montagnes détruiront l'effet des torrens & préferveront d'inondation toutes les terres qui y étoient expofées ; on gagnera un terrein confidérable fur le lit des rivieres, la facilité des arrofages rendra les terre plus fertiles, on fe procurera du poiffon en abondance, & tous les avantages qui réfulteront de ces réparations, indemniferont au centuple. A tous ces avantages on peut encore réunir un projet économique, fondé fur des productions qui feront naître, pour ainfi dire, la fertilité du fein même des eaux. Les faftueux jardins de Sémiramis foutenus dans les airs, & cités pour une des merveilles de l'induftrie humaine, n'offroient qu'une oftentation inutile à l'humanité, tandis qu'avec moins de fafte & à peu de frais, tous les amas d'eau douce nous offrent les moyens d'augmenter la majeure partie des productions de la terre.

Les plantes terreftres, à l'exception des arbres, ne pouffent point leurs racines à plus de douze ou quinze pouces de profondeur ; un fol qui n'auroit que cette profondeur feroit même fuffifant pour les arbuftes & les arbres nains ; il eft par conféquent évident qu'on peut cultiver avec fuccès prefque toutes les plantes, fur une bonne terre de douze à quinze pouces de profondeur. Il feroit facile d'établir fur l'eau des réfervoirs, des plantes bandes faites en ofier &

enduites de terre glaise ou d'argile mêlée avec
de la paille hachée, afin de préserver d'une
surabondance d'humidité dix à quinze pouces
de bonne terre qu'on mettroit sur les plates
bandes, dont la base pourroit également se
faire, soit avec des planches, soit avec des bois
réunis en forme de radeaux ; toutes les formes
de plates bandes, & toutes les manieres de les
construire seront bonnes, pourvu qu'elles soient
capables de porter & de préserver d'une trop
grande humidité dix à quinze pouces de bonne
terre, qui suffira pour se procurer des productions de toute espèce & en abondance par la
facilité de l'arrosage. Les Ouvriers destinés à
l'entretien des réservoirs & des canaux auroient,
par ce moyen, de quoi s'occuper toute l'année,
& les terres qu'on retireroit des réservoirs &
des canaux en les nettoyant, serviroient d'en-
grais aux plates-bandes. Le riz, qui manque to-
talement en France, pourroit être cultivé sur
les plates-bandes dans les Provinces Méridio-
nales, par la facilité qu'on auroit d'entretenir
cette plante dans l'eau pendant tout le temps
que ce fluide seroit nécessaire à son accroissement, & on détruiroit l'air fiévreux que répan-
dent les rizieres dans les endroits marécageux,
en plaçant les plates-bandes sur des élévations
où la circulation d'un air salubre désuniroit les
vapeurs fiévreuses que l'ardeur du soleil fait
sortir des rizieres.

Mille agrémens nouveaux, dont il est facile

d'imaginer la variété, se réuniroient à l'utilité des plates-bandes établies sur les réservoirs à portée des maisons, des jardins potagers, des parterres flottans, des cabinets de verdure qui se transporteroient d'un bout à l'autre des réservoirs à la rame, à la voile, ou à la traîne. Le hasard forme des espèces d'Isles flottantes sur des étangs d'une certaine capacité ; elles changent de place suivant l'impulsion variée des vents, & elles produisent naturellement des herbages, des arbustes, & souvent même des arbres d'une certaine élévation. L'industrie peut donc multiplier & fertiliser ces possessions flottantes.

F I N.